BERICHTE ÜBER DIE VERHANDLUNGEN DER SÄCHSISCHEN
AKADEMIE DER WISSENSCHAFTEN ZU LEIPZIG

Mathematisch-naturwissenschaftliche Klasse
Band 104 · Heft 3

FRITZ STATHER

ZUR CHARAKTERISTIK PFLANZLICHER UND SYNTHETISCHER GERBSTOFFE UND DEREN KOMBINIERTE VERWENDUNG BEI DER GERBUNG

AKADEMIE-VERLAG · BERLIN
1960

BERICHTE ÜBER DIE VERHANDLUNGEN DER SÄCHSISCHEN AKADEMIE DER WISSENSCHAFTEN ZU LEIPZIG

MATHEMATISCH-NATURWISSENSCHAFTLICHE KLASSE

Band 97

Heft 1 Prof. Dr. ERICH STRACK / Beobachtungen über den endogenen Anteil des Kot-Stickstoffs 24 Seiten — 8° — 1949 — DM 2,50 *(vergriffen)*

Heft 2 Prof. Dr. ERNST HÖLDER / Über die Variationsprinzipe der Mechanik der Kontinua 13 Seiten — 8° — 1950 — DM 2,75 *(vergriffen)*

Heft 3 Dr. H. GERSTNER / Dr. H. BAARK / Dr. H. GRAUL / Der Wechselstromwiderstand der Froschhaut 25 Seiten — 8° — 1950 — DM 2,75 *(vergriffen)*

Heft 4 Prof. Dr. HERBERT BECKERT / Existenz- und Eindeutigkeitsbeweise für das Differenzenverfahren zur Lösung des Anfangswertproblems, des gemischten Anfangs-Randwert- und des charakteristischen Problems einer hyperbolischen Differentialgleichung zweiter Ordnung mit zwei unabhängigen Variablen 42 Seiten — 8° — 1950 — DM 9,— *(vergriffen)*

Heft 5 Prof. Dr. HERBERT BECKERT / Über quasilineare hyperbolische Systeme partieller Differentialgleichungen erster Ordnung mit zwei unabhängigen Variablen. Das Anfangswertproblem, die gemischte Anfangs-Randwertaufgabe, das charakteristische Problem 68 Seiten — 8° — 1950 — DM 14,50 *(vergriffen)*

Heft 6 Prof. Dr.-Ing. ENNO HEIDEBROEK / Das Verhalten von zähen Flüssigkeiten, insbesondere Schmierflüssigkeiten, in engen Spalten Nachdruck — 40 Seiten — 24 Abbildungen — 8° — 1952 — DM 5,80 *(vergriffen)*

Heft 7 Prof. Dr. HANS SCHUBERT / Über eine lineare Integrodifferentialgleichung mit Zusatzkern 52 Seiten — 8° — 1950 — DM 9,25 *(vergriffen)*

Heft 8 Dipl. Phys. HERMAR KRUPP / Bestimmung der allgemeinen Lösung der Schrödinger-Gleichung für Coulomb-Potential 28 Seiten — 8° — 1950 — DM 5,50 *(vergriffen)*

Band 98

Heft 1 Prof. Dr. WALTER SCHNEE / Über magische Quadrate und lineare Gitterpunktprobleme 48 Seiten — 8° — 1951 — DM 4,65 *(vergriffen)*

Heft 2 Prof. Dr.-Ing. ENNO HEIDEBROEK / Über die Beziehungen zwischen Schmierung und Verschleiß bei geschmierter Gleitreibung Nachdruck — 36 Seiten — 5 Abbildungen — 8° — 1954 — DM 2,75

Heft 3 Prof. Dr.-Ing. e. h. KARL KEGEL / Der Salzstock Mirowo bei Provadia in Bulgarien 26 Seiten — 9 Abbildungen — 8° — 1951 — DM 3,— *(vergriffen)*

Heft 4 Prof. Dr. HERBERT BECKERT / Prof. Dr. HANS SALIÉ / Bemerkungen über die Verbiegung hyperbolisch gekrümmter Flächenstücke / Über Abels Verallgemeinerung der binomischen Formel 22 Seiten — 2 Abbildungen — 8° — 1951 — DM 2,25 *(vergriffen)*

Heft 5 Prof. Dr. ERICH STRACK / Die Dauerinfusion als Verfahren zur Erforschung des Kohlenhydratstoffwechsels des Tierkörpers 20 Seiten — 8° — 1952 — DM 2,— *(vergriffen)*

BERICHTE ÜBER DIE VERHANDLUNGEN DER SÄCHSISCHEN AKADEMIE DER WISSENSCHAFTEN ZU LEIPZIG

Mathematisch-naturwissenschaftliche Klasse
Band 104 · Heft 3

FRITZ STATHER

ZUR CHARAKTERISTIK PFLANZLICHER UND SYNTHETISCHER GERBSTOFFE UND DEREN KOMBINIERTE VERWENDUNG BEI DER GERBUNG

AKADEMIE-VERLAG · BERLIN
1960

Vorgetragen in der Sitzung vom 16. Mai 1960
Manuskript eingereicht am 16. Mai 1960
Druckfertig erklärt am 29. August 1960

Erschienen im Akademie-Verlag GmbH, Berlin W 1, Leipziger Straße 3–4

Lizenz-Nr. 202 · 100/770/60
Gesamtherstellung: Druckhaus „Maxim Gorki“, Altenburg
Bestellnummer: 2027/104/3
Preis: DM 1,10
Printed in Germany
ES 20 O 4

Leder, seit Jahrtausenden geschätzter und unentbehrlicher Werkstoff des Menschen, hat auch heute im Zeitalter fortgeschrittenster Technik seine Bedeutung nicht verloren. Träger der Werkstoffeigenschaften des Leders ist das naturgewachsene, feinststrukturierte kollagene Bindegewebe der tierischen Haut, dessen komplizierten hochreaktiven chemischen Aufbau keine chemische Synthese, dessen vieldimensionale Faserverflechtung kein künstlicher Webeprozeß bis heute nachzuahmen vermocht hat. Lederaustauschprodukte der verschiedensten Aufbaubasis vermögen darum zwar bestimmte chemische oder physikalische Eigenschaften des Leders zu erreichen, vielleicht sogar zu übertreffen, keinesfalls aber die Summe all der vielseitigen Eigenheiten, die die besonderen Werkstoffeigenschaften des Leders ausmachen.

Das zur Ledererzeugung benutzte kollagene Bindegewebe des Coriums der tierischen Haut, ein inniges Flechtwerk nach allen Richtungen unregelmäßig, ohne erkennbaren Anfang und Ende verflochtener Kollagenfaserbündel, die ihrerseits wieder aus zahlreichen Einzelfasern, diese aus Fibrillen und diese wieder aus Eiweißmizellen aus orientierten Polypeptidketten zusammengesetzt sind, weist eine Reihe von Eigenschaften auf, die seine Verwendung als Werkstoff in unverändertem Zustand unmöglich machen. Als wasserhaltiges Eiweißgel ist die Hautblöße, die von Epidermis und Haaren, Talgdrüsen und Unterhautbindegewebe befreite Haut, überaus leicht fäulnisfähig. Beim Trocknen verliert sie zwar diese Fäulnisfähigkeit, verliert aber auch ihre Weichheit und Beweglichkeit und wird durch Zusammenkleben der Kollagenfasern hart und steif und hornartig durchscheinend. Beim Wiederzuführen von Feuchtigkeit kehrt die enzymatische Zersetzlichkeit unvermindert zurück, beim Erhitzen mit Wasser wird die Faserstruktur des kollagenen Eiweißes völlig zerstört, die Hautsubstanz geht in Leim und Gelatine über. Alle diese nachteiligen Eigenschaften der tierischen Rohhaut müssen durch die Gerbung, die Überführung der Haut in Leder, grundsätzlich verändert werden.

Nach dem heutigen Stand der Forschung ist das Gemeinsame jeder wirklichen Gerbwirkung eine Verfestigung der von Natur aus labilen kollagenen Hautfaser und damit des gesamten Hautfasergefüges durch Bindung von Gerbstoffteilchen in mehreren die Eiweißmizelle des Kollagens aufbauenden Polypeptidketten und dadurch verursachte Vernetzung und Verfestigung des Hautsubstanzgitters insgesamt. Aus dieser Gitterverfestigung der Kollagenmizelle erklären sich die andersartigen chemischen und physikalischen Eigenschaften des Leders gegenüber ungegerbter Haut, die nunmehr gegebene enzymatische Widerstandsfähigkeit, Weichheit und Biegsamkeit auch in trockenem Zustand, und die weitgehende Beständigkeit gegen Verleimung.

Bei der Umwandlung von Haut in Leder finden die verschiedenartigsten Stoffe als gerbende Substanzen Verwendung. Vegetabilische Gerbstoffe aus Rinden, Hölzern, Früchten von Pflanzenmaterialien, komplexe Gemische hochmolekularer, kolloider kondensierter oder hydrolysierbarer aromatischer Substanzen mit zahlreichen phenolischen Hydroxylgruppen vermögen als schwache Säuren mit dem amphoteren Kollagen durch Salzbildung, in größerem Umfang noch durch Nebenvalenzbindung (Wasserstoffbrücken) zwischen den phenolischen Hydroxylgruppen und den Peptidgruppen des Kollagens eine Vernetzung des Hautsubstanzgitters und Versteifung der Hautfasern herbeizuführen. Als anorganische Gerbstoffe können polybasische Mehrkomplexverbindungen, vor allem des Chroms, aber auch Aluminiums, Eisens, Zircons und anderer metallischer Elemente, vornehmlich komplex mit den Carboxylgruppen, unter Umständen auch Aminogruppen des Hauteiweißes und darüber hinaus über Wasserstoffbrücken mit den Liganden der gerbenden Komplexe reagieren. Iso- und Heteropolysäuren des Molybdäns, Wolframs, Vanadiums, gewisse Phosphate und Silikate besitzen gerbende Eigenschaften. Die gerbende Wirkung gewisser in ihrem Molekül ungesättigter Fettsubstanzen ist seit alters her ebenso bekannt und praktisch genutzt wie die gerbende Wirkung verschiedener ein- und mehrwertiger aldehyde, insbesondere Formaldehyd. Schließlich haben die pflanzlichen Gerbstoffe hochwertigen Ersatz und vielfache Austauschmöglichkeit gefunden in den Syntanen, aromatischen synthetischen Gerbstoffen, meist polyphenolischen Charakters mit löslichkeitsvermittelnden sauren oder basischen Gruppen, die ähnlich den pflanzlichen Gerbstoffen durch Hauptvalenzbindung oder Wasserstoffbrückenbildung vernetzend auf die Polypeptidketten des Kollagens, also gerbend wirken.

Obwohl die theoretisch seit 100 Jahren bekannte, industriell seit etwa Beginn dieses Jahrhunderts entwickelte Chromgerbung einen Teil der früher benutzten Gerbmethoden weitgehend und die pflanzliche Gerbung für die Erzeugung bestimmter Lederarten, vor allem Schuhoberleder und technischer Leder, fast völlig verdrängt hat, besitzt die Gerbung mit Pflanzengerbstoffen, neuerdings mehr oder weniger kombiniert mit synthetischen, im Gerbmechanismus und -wirkung artgleichen Gerbstoffen, unveränderte technische Bedeutung; gewichtsmäßig werden nahezu 50% aller Leder, vor allem Leder für den Schuhunterbau, Sohl-, Vache- und Brandsohlleder, aber auch einige andere Lederarten, noch in pflanzlich-synthetischer Gerbung hergestellt. Während die Chromgerbung als Ergebnis wissenschaftlicher Erkenntnis in der reinen Gerbwirkung und den diese beeinflussenden Faktoren weitgehend geklärt und damit technisch beherrschbar erscheint, fehlen für die so viel ältere, seit Jahrtausenden empirisch durchgeführte pflanzliche Gerbung trotz zahlreicher wissenschaftlicher Untersuchungen und mancherlei Teilaufklärung noch vielerlei Grunderkenntnisse. Ihre Erarbeitung wird um so dringender, als einmal aus Gründen der speziellen Eigenschaften pflanzlich gegerbter Leder nicht so leicht daran gedacht werden kann, pflanzliche bzw. pflanzlich-synthetische Gerbung durch eine andere Gerbart zu ersetzen und andererseits die fortschreitende Technik mit ihrem Streben nach rationellem, möglichst mechanisiertem Arbeiten bei gesteigerter Arbeitsproduktivität dazu zwingt, Ursachen und Änderungsmöglichkeiten des gegenüber der Chromgerbung im reinen Gerbeffekt hohen Gerbstoffeinsatzes und einer durchweg wesentlich längeren Gerbdauer, wenige Stunden gegenüber vereinzelten Tagen, durchschnittlich 3 Monaten und selbst 12 Monaten bei der pflanzlichen Gerbung zu erforschen. Für die Deutsche Demokratische Republik, ähnlich wie für die Sowjetunion und die Volksdemokratien, spielen dabei hinsichtlich einer Gerbzeitverkürzung Fragen der Kapazitätssteigerung ebenso eine Rolle wie Fragen des verstärkten Einsatzes heimisch erzeugter synthetischer Austauschgerbstoffe anstelle der aus dem Ausland eingeführten hochwertigen pflanzlichen Gerbstoffe, zumal die DDR mit einem Syntaneinsatz von rund 50% des angewandten Reingerbstoffs alle übrigen Länder mit meist maximal nur 20% Syntaneinsatz derzeit bei weitem übertrifft.

Die derzeitigen Kenntnisse einiger der wichtigsten Probleme der Gerbung mit pflanzlichen und synthetischen Gerbstoffen sollen nachfolgend unter Auswertung älterer und neuerer, hauptsächlich eigener Arbeiten über die charakteristischen Eigenschaften pflanzlicher und synthetischer Gerbstoffe und deren unterschiedliches Verhalten bei der gemeinsamen Anwendung in der Gerbung kurz zusammenfassend erörtert werden.

Alle Arten pflanzlicher bzw. pflanzlich-synthetischer Gerbung beruhen auf dem gleichen Prinzip, die gerbfertig vorbereitete Hautblöße mit in der Konzentration ansteigenden wäßrigen Auszügen pflanzlicher Gerbstoffe bzw. Lösungen synthetischer Gerbstoffe in Berührung zu bringen, aus denen dann Gerbstoffe und andere nichtgerbende Substanzen in die Haut diffundieren und von dieser teilweise aufgenommen und gebunden werden, bis ein Gleichgewichtszustand zwischen Haut und Gerblösung erreicht ist. Das Erreichen dieses Gleichgewichtszustandes ist von der Konzentration und Acidität der Gerblösungen, den speziellen Eigenschaften der angewandten Gerbstoffe, der Temperatur, der Art des Gerbsystems, ruhender stationärer Gruben- oder dynamisch bewegter Faßgerbung, abhängig und bedingt die enormen Unterschiede in der notwendigen Gerbdauer von wenigen Tagen bis zu vielen Monaten.

Die pflanzlich-synthetische Gerbung wird eingeleitet durch die Diffusion der Gerbstoffteilchen in die Haut. Die Diffusionsgeschwindigkeit beeinflußt die Aufnahmegeschwindigkeit nur wenig, dagegen die Bindungsgeschwindigkeit, da das Diffusionsgleichgewicht meist früher erreicht wird als das Bindungsgleichgewicht. Diffusion, Aufnahme und Bindung sind indessen nicht scharf von einander zu trennen, da gleichzeitig mit dem Eindringen der gerbenden Stoffe in die Hautblöße deren Bindung an die Hautsubstanz je nach Charakter der Gerbstoffe unterschiedlich rasch einsetzt und die Diffusionsgeschwindigkeit durch die so verursachte Änderung der Kapillaren des Hautfasergefüges sich dauernd ändert. Die Diffusion der Gerbstoffe in die Hautblöße nimmt bei allen pflanzlichen Gerbmaterialien mit der Gerbdauer und der Konzentration der Gerblösung zu, und zwar ist die Eindringtiefe = spez. Diffusionskonstante des betreffenden Gerbstoffs × $\sqrt{\text{Zeit} \times \text{Konzentration}}$ [1, 2]. Bei Einordnung der verschiedenen pflanzlichen Gerbstoffe in Gruppen unterschiedlichen Diffusionsvermögens ist das schlechteste Diffusionsvermögen des für die DDR besonders wichtigen Fichtenrindengerbstoffs bemerkenswert.

Die Diffusion der Gerbstoffe in die Haut nimmt mit zunehmendem p_H-Wert der Gerblösungen und in geringerem Maße auch mit Erhöhung des p_H-Wertes der Blöße zu [2] und mit zunehmender Menge artgleicher Gerbstoffe ab [3]. Ähnliche Untersuchungsergebnisse liegen auch für das Diffusionsverhalten synthetischer Gerbstoffe [4, 5, 6] und von Ligninsulfosäure [7] vor. Die Diffusionsgeschwindigkeit pflanzlicher Gerbstoffe kann durch oberflächenaktive Netz- und Dispergiermittel, durch Sulfosäuresyntane und Ligninsulfosäure mehr oder weniger stark erhöht werden [8]. Erhöhung der Gerbtemperatur erhöht das Diffusionsvermögen pflanzlicher und synthetischer Gerbstoffe sehr stark, Absinken der Temperatur verringert es beträchtlich [9].

Natürlich steht dieses Diffusionsverhalten pflanzlicher und synthetischer Gerbstoffe mit deren Teilchengröße in wäßriger Lösung, die von den gleichen Faktoren beeinflußt wird, in direktem Zusammenhang. Sind die diffundierenden Gerbstoffteilchen kleiner als der Durchmesser der Diffusionswege, also der Hautkapillaren, so ist die Diffusion gut, je größer die Teilchen im Vergleich zum Kapillardurchmesser werden, desto mehr werden die Diffusionswege verstopft und damit die Diffusion verlangsamt oder wie bei der „Totgerbung" vollständig zum Stillstand gebracht. Diese Feststellungen gelten nicht nur für die Diffusion in die gröberen Hautkapillaren, sondern in gleicher Weise auch hinsichtlich der für eine vernetzende Gerbwirkung

[1] Stather, F., Coll. 1933, 9.
[2] Stather, F., Coll. 1933, 316.
[3] Stather, F. u. R. Lauffmann, Coll. 1934, 495.
[4] Stather, F. u. K. Löchner, Coll. 1935, 420, 470.
[5] Stather, F. u. H. Herfeld, Coll. 1937, 570; 1941, 211.
[6] Stather, F. u. H. Herfeld, Ges. Abh. DLI 1949, Heft 1, 5.
[7] Stather, F. u. O. Endisch, Coll. 1937, 193.
[8] Stather, F. u. R. Schubert, Ges. Abh. DLI 1950, Heft 4, 69.
[9] Stather, F. u. Herfeld, Ges. Abh. DLI 1950, Heft 3, 3.

wichtigen Diffusion der Gerbstoffteilchen in das Innere der Eiweißmizelle.

Alle die angeführten Gesetzmäßigkeiten wurden in ruhenden stationären Gerbsystemen ermittelt. Der Mechanismus des Eindringens der Gerbstoffteilchen zunächst in die Hautkapillaren ist bei der dynamischen Gerbung im rotierenden Walkfaß völlig andersartig. Die Biegung der Haut bei der Faßgerbung führt zur dauernden Ausweitung der Hautporen auf der einen Seite und gleichzeitigen Kompression auf der anderen Seite, die Gerblösung mit allen darin enthaltenen, auch nichtgerbenden Anteilen wird regelrecht in das kapillare Fasergefüge hineingepumpt. Öffnungen der Hautkapillaren und Druck- und Saugwirkung hängen von der Größe der Dicke des Leders, der Fallhöhe im rotierenden Faß, dem Flottenverhältnis und der Tourenzahl des Fasses ab. Das Einwalken der Gerblösung bei der dynamischen Gerbung ist kein Diffusionsvorgang im eigentlichen Sinne mehr, ein solcher schließt sich vielmehr erst an, wenn die Gerbstoffteilchen in die feine Struktur des Kollagens wandern, wobei als gerbzeitverkürzender Vorteil zu werten ist, daß die Diffusionswege wesentlich kürzer sind und die Konzentration der Gerblösung wesentlich höher gewählt werden kann, ohne daß es schon zu einer Totgerbung der äußeren Kapillaren kommt.

Daß für eine Gerbzeitverkürzung bei statischer und insbesondere dynamischer Gerbung besonders günstige Vorbedingungen für das Eindringen des Gerbstoffs in die Haut gegeben sind, wenn statt völlig ungegerbter Blöße bereits vorgegerbte Blöße mit entsprechender Strukturverfestigung mit den höher konzentrierten Gerblösungen zur Einwirkung kommt, ist verständlich, da jede genügend dehydratisierte und vernetzende Gerbwirkung die Kapillarität der Haut beträchtlich erhöht. Dabei muß diese Vorgerbung gegenüber der nachfolgenden Ausgerbung mit pflanzlichen und synthetischen Gerbstoffen genügend beständig sein. Durch Porositätsmessungen in einem neu entwickelten einfachen Gerät kann die Veränderung der Kapillarität durch die verschiedensten Vorgerbmethoden zahlenmäßig erfaßt werden [10].

Systematische Untersuchungen [11] über die Abhängigkeit der

[10] Unveröffentlichte Untersuchungen.

[11] STATHER, F., REICH, G. u. M. WASSILJEW, Ges. Abh. DLI 1959, Heft 15, 93.

Diffusionsgeschwindigkeit pflanzlicher und definierter synthetischer Gerbstoffe von der Art der Vorgerbung, Chromgerbung, Formalingerbung, Phosphatgerbung, Sulfosäure-Syntan-Gerbung und synthetischer Kondensationsgerbung ergaben, daß bezüglich diffusionsbeschleunigender Wirksamkeit die Vorgerbung mit sauren Hilfsgerbstoffen und der synthetischen Kondensationsgerbung beträchtliche Gerbzeitverkürzungen ermöglicht und dabei die untersuchten pflanzlichen und synthetischen Gerbstoffe stark unterschiedliches und von der Konzentration unterschiedlich abhängiges Diffusionsvermögen aufweisen.

Gleichzeitig mit der Diffusion der Gerbstoffe in die Haut und weiter fortlaufend erfolgt die mehr oder wenige feste Bindung der Gerbstoffe an die Hautsubstanz.

Die Bindungsgeschwindigkeit der verschiedenen pflanzlichen Gerbstoffe an die Hautsubstanz ist stark unterschiedlich. Gerbstoffe werden zu Beginn der Gerbung verhältnismäßig rasch von der Hautsubstanz gebunden, während im Verlauf der Gerbung die Bindungsgeschwindigkeit abnimmt [12]. Wiederum für DDR-Verhältnisse besonders wichtig ist die auffallend geringe Bindungsgeschwindigkeit des einheimischen Fichtenrindengerbstoffs. Das Bindungsgleichgewicht wird bei den verschiedenen Gerbstoffen unterschiedlich nach ganz verschiedener Zeit, häufig sogar erst nach dem Trocknen des Leders oder nach längerer Lagerung erreicht [13, 14, 15].

Die Bindungsgröße, d. h. die Menge maximal von der Hautsubstanz irreversibel oder teilweise wieder auswaschbar gebundener Gerbstoffe ist bei den verschiedenen pflanzlichen Gerbstoffen stark unterschiedlich. Durch besonders schlechte Bindungsgröße ausgezeichnet ist der einheimische Fichtenrindengerbstoff [12].

Die Bindungsfestigkeit der verschiedenen Gerbstoffe an Hautsubstanz ist ebenfalls ganz unterschiedlich, Gerbstoffen mit charakteristisch hoher Bindungsfestigkeit stehen solche mit geringer Bindungsfestigkeit gegenüber, wobei der einheimische Fichtenrindengerbstoff wiederum die geringste Bindungsfestigkeit aufweist [12].

[12] Stather, F. u. R. Lauffmann, Coll. 1935, 420, 470.
[13] Stather, F., Coll. 1933, 612.
[14] Stather, F. u. H. Herfeld, Ges. Abh. DLI 1949, Heft 1, 57; 1950, Heft 3, 3.
[15] Stather, F. u. R. Schubert, Ges. Abh. DLI 1950, Heft 3, 31.

Die Bindungsgeschwindigkeit, Bindungsgröße und Bindungsfestigkeit von synthetischen Austauschgerbstoffen ist ebenfalls stark unterschiedlich und für die einzelnen Gerbstofftypen charakteristisch [4, 5, 6].

Diffusion, Aufnahme, Bindung und Bindungsfestigkeit pflanzlicher und synthetischer Gerbstoffe werden in erster Linie durch die Dispersitätsverhältnisse in den Gerblösungen beeinflußt, entsprechend durch alle Faktoren, die diese Dispersitätsverhältnisse zu beeinflussen vermögen. Systematische Untersuchungen [16] mit Gerblösungen der verschiedensten Art, deren Dispersitätsverhältnisse durch Konzentrationsänderungen, Ultrafiltration, Membrandialyse, freie Dialyse und fraktionierte Gerbung variiert waren, ergaben übereinstimmend, daß der Dispersitätsgrad pflanzlicher Gerbextraktlösungen für jede Gerbstoffart ein spezifischer und unabhängig von Konzentration und Alterung der Lösungen ist, und weiterhin, daß mit Erhöhung des Anteils an grobdispersen Gerbstoffteilchen die Gerbstoffaufnahme wesentlich erhöht, das Verhältnis von aufgenommenem zu gebundenem Gerbstoff, der Bindungsgrad, dagegen vermindert wird. Der höchste Gehalt des Leders an irreversibel gebundenem Gerbstoff wird erhalten, wenn mit kleinteiligen Teilchen angegerbt und größeren Teilchen ausgegerbt wird, eine Gesetzmäßigkeit, die sich vor allem bei stärker affinen Gerbstoffen stark auswirkt. Die Gerbstoffteilchen müssen klein genug sein, um in das Innere des Proteingitters eindringen zu können, andererseits eine gewisse Mindestgröße aufweisen, um sich mit mind. zwei der parallel nebeneinander liegenden Polypeptidketten vernetzend verbinden zu können, während die gröberen Teilchen nicht in das Innere des Hautsubstanzgitters gelangen können, sondern in den Intermizellarräumen oder feineren Hautkapillarräumen hängen bleiben. Die Menge des von Hautsubstanz insgesamt aufgenommenen und des gebundenen Gerbstoffs nimmt mit steigendem Nichtgerbstoffgehalt der Lösungen ab [3]. Durch Mitverwendung oberflächenaktiver Stoffe kann die Adsorptionsfähigkeit der Gerbstoffe an Hautsubstanz und häufig auch die Bindung erhöht werden [8].

Wesentliche Beiträge zur Frage des gerberischen Verhaltens pflanzlicher Gerbmaterialien und des Einflusses des Gerbsystems

---

[16] STATHER, F. u. R. SCHUBERT, Coll. 1936, 380.

auf den Ablauf der Gerbung und die Eigenschaften des damit erzeugten Leders konnten durch eine Reihe von Arbeiten [17, 18, 19, 20, 21, 22, 23] gewonnen werden, in denen Aufklärung der Unterschiede zwischen Altgrubengerbung, d. h. Gerbung in ruhenden Zustand mit ausschließlich dünnen Gerbbrühen über lange Zeit, und rascheren Gerbmethoden unter Verwendung höher konzentrierter Gerbbrühen und Einsatz mechanischer Bewegung an umfangreichem, großtechnisch kontrolliert erzeugtem Untersuchungsmaterial angestrebt und wichtige Feststellungen getroffen werden konnten.

Hatten die bisher erörterten, etwa in den Jahren 1930—1950 zum Gesamtfragenkomplex der Gerbung mit pflanzlichen und synthetischen Gerbstoffen durchgeführten Arbeiten, eingereiht in eine Vielzahl anderweitiger Untersuchungen in- und ausländischer Forscher ein einigermaßen abgerundetes, wenn auch keineswegs voll befriedigendes Bild ergeben, so reichen sie doch keineswegs aus, für eine im Rahmen der fortschreitenden Technik notwendige grundsätzliche Änderung des Gerbsystems mit dem hauptsächlichen Ziel der Gerbzeitverkürzung bei erhöhtem Einsatz von synthetischen Gerbstoffen, und zwar in der DDR teilweise auf Basis eigener Untersuchungen entwickelter und großtechnisch erzeugter Syntane, die notwendigen Voraussetzungen zu liefern. Die meisten Untersuchungsergebnisse waren erarbeitet worden unter Benutzung des quantitativen Begriffs Gerbstoff im Sinne des klassischen Bestimmungsverfahrens durch Hautpulveradsorption. Immer mehr aber stellte sich auf Grund praktischer Erfahrungen und auch systematischer Untersuchungen heraus, daß analytisch ermittelte Gerbstoffgehalte eines Gerbmittels, eines Syntans, oder einer pflanzlich-synthetischen Gerblösung keinesfalls identisch sind mit ihrem Gehalt an wirklich lederbildenden Substanzen, vielmehr andere neuere Methoden der Wertbeurteilung pflanzlicher und synthetischer Gerbstoffe zugrunde gelegt werden müssen.

[17] Stather, F. u. R. Schubert, Coll. 1934, 609.
[18] Stather, F. u. H. Herfeld, Coll. 1938, 321, 656.
[19] Stather, F. u. H. Herfeld, Coll. 1939, 609.
[20] Stather, F. u. H. Herfeld, Ges. Abh. DLI 1949, Heft 2, 31.
[21] Stather, F. u. R. Schubert, Ges. Abh. DLI 1950, Heft 3, 31.
[22] Stather, F. u. H. Herfeld, Ges. Abh. DLI 1950, Heft 4, 39.
[23] Stather, F., Ges. Abh. DLI 1950, Heft 4, 45.

Tatsächlich kann das gerberische Verhalten eines pflanzlichen oder synthetischen Gerbstoffs nur durch Ausgerbungen von unzerkleinertem Hautmaterial und Prüfung des erhaltenen Gerbproduktes so beurteilt werden, daß die entscheidenden Eigenschaften der Diffusion, Aufnahme, Bindungsgeschwindigkeit und Bindungsfestigkeit voll und gerbgerecht zur Auswirkung kommen [24]. Dabei können Probeausgerbungen bei variiertem Gerbstoffangebot von unzureichenden Gerbstoffmengen bis zum Gerbstoffüberschuß ebenso wie Ausgerbungen mit unterschiedlich abgearbeiteten Brühen bei gleichem Gerbstoffanteil und Untersuchung des erhaltenen Gerbprodukts hinsichtlich verschiedener, von verschiedenen Autoren vorgeschlagener Kennzahlen, Volumenrendement (Ledervolumen/eingesetztes Kollagen), Trocknungs-Koeffizient (Volumen nasses Leder/trockenes Leder), Quellungs-Koeffizient, Porosität und Schrumpfungstemperatur sichere Aussagen über das Verhalten der einzelnen Gerbstoffe in der Praxis ermöglichen. Zahlreiche Untersuchungen mit pflanzlichen und synthetischen Gerbstoffen ergaben einwandfrei, daß nicht alles, was bei der Gerbstoffanalyse von Hautpulver adsorbiert wird, lederbildend wirkt, sondern nur ein begrenzter Anteil, und daß die untersuchten pflanzlichen und synthetischen Gerbstoffe diesbezüglich ganz unterschiedlich zu bewerten sind.

Durch fraktioniertes Entgerben von Gerbbrühen verschiedener Konzentration über Hautpulversäulen konnte nachgewiesen werden [25], daß bei natürlichen Aciditätsverhältnissen und normaler Temperatur die Bindungsfähigkeit der pflanzlichen Gerbstoffe zwischen 50 und 70% des analytisch eingesetzten Gerbstoffs, bei den untersuchten Syntanen dagegen nur bei 30—50% liegt. Bei Syntanen besteht zum Teil eine deutliche Tendenz zur Erhöhung der Bindungsfähigkeit bei Verwendung höherer konzentrierter Ausgangslösung.

Wertvolle Hilfe bei der Typencharakterisierung synthetischer Gerbstoffe und der Klärung der Verhältnisse bei der Gerbung in pflanzlich-synthetischen Gerbbrühen ermöglichte eine neu ausgearbeitete Methode zur einfachen Unterscheidung zwischen gerbinaktiven Halb- und Nichtgerbstoffen einerseits und lederbildenden Gerbstoffen andererseits durch Fällung von synthetischen Gerbstoffen

[24] STATHER, F. u. G. REICH, Leder 1958, 178.

[25] STATHER, F. u. G. WIEGAND, Ges. Abh. DLI 1959, Heft 15, 86.

mit aromatischen Aminen, insbesondere Diäthylanilin [26]. Sie ermöglicht ebenso die bei stärkerer Mitverwendung von Syntanen eintretende bevorzugte Aufnahme hydrophober Anteile und die in den Angerbbrühen sich anreichernden Halbgerbstoffe zahlenmäßig zu ermitteln wie weiterhin, da die Fällung mit Aminen stöchiometrischen Verhältnissen entspricht, die Äquivalentgewichte der mit Amin fällbaren lederbildenden Anteile der einzelnen synthetischen Gerbstoffe zu ermitteln.

So wertvoll die Ergebnisse all dieser laboratoriumsmäßigen Untersuchungen für die Klärung der Probleme der pflanzlich-synthetischen Gerbung auch sein mögen, reichen sie doch keineswegs aus, allein als Unterlage für grundsätzliche Änderungen eingelaufener Gerbsysteme, insbesondere eine einschneidende Gerbzeitverkürzung und eine darauf aufbauende Rekonstruktion von Betrieben zu dienen, sie mußten vielmehr durch halb- und großtechnische, wissenschaftlich sorgfältig überwachte Versuche weiter untermauert und durch neue laboratoriumsmäßige Untersuchungen ergänzt werden.

Zur Prüfung der Frage, inwieweit eine Steigerung des derzeit in der DDR angewandten Syntananteils von etwa 50% auf 70% bzw. 100% ohne grundsätzliche Änderung des Gerbsystems möglich ist, wurde über mehr als ein Jahr ein Unterlederbetrieb vollständig und zwei weitere Betriebe teilweise unter Beibehaltung entsprechender Vergleichsgerbung auf solche Versuchsgerbungen umgestellt. Als Ergebnis dieser mit durchschnittlich 30% Fichtenrindengerbstoff, 20% Importgerbstoffen und 50 bzw. 70 oder 100% DDR-Syntanen bei entsprechender Verringerung des Anteils pflanzlicher Gerbstoffe durchgeführten Versuche [27] mußte festgestellt werden, daß mit steigendem Syntananteil das Rendement der erhaltenen Leder gegenüber der Vergleichsproduktion in unterschiedlichem Ausmaß absinkt, ebenso die Durchgerbungszahl des Leders, weiter daß Gerbstoffverbrauch und die für eine einwandfreie Ausgerbung notwendige Gerbdauer ansteigen und Wassergehalt, Wasseraufnahme und Wasserdurchlässigkeit des Leders ungünstig beeinflußt werden, wobei diese nachteiligen Einflüsse mit der Zeit allmählich ansteigend in Erscheinung treten. Ohne grundsätzliche Änderung der Her-

---

[26] Stather, F. u. G. Reich, Leder 1959, 1.

[27] Stather, F., Reich, G. u. J. Überla, Ges. Abh. DLI 1959, Heft 15, 5.

stellungsweise erscheint ein über 50% hinaus erhöhter Einsatz von Syntanen bei der Herstellung von Unterleder ohne ungünstige Entwicklung des Gerbablaufs und gewisse nachteilige Beeinflussung der Lederqualität nicht möglich.

Die Ursache der ungünstigen Beeinflussung des Verhaltens des mit höheren Syntananteilen ausgegerbten Leders gegenüber Wasser konnte inzwischen in einer getrennten Arbeit [28] durch Messungen der Wasserdampfaufnahme, Wasseraufnahme und Hydratationswärme vegetabilisch und synthetisch gegerbten Hautmaterials geklärt und mit dem Sulfosäuregehalt der Syntane in Zusammenhang gebracht werden.

Hatten die durchgeführten Versuche mit erhöhtem Syntaneinsatz gezeigt, daß auch die hochwertigen synthetischen Vollgerbstoffe keineswegs einfache Austauschmaterialien für pflanzliche Gerbstoffe darstellen, die in bewährte Gerbsysteme ohne weiteres in beliebiger Höhe eingesetzt werden können, vielmehr eine besondere, den besonderen Eigenschaften der Syntane angepaßte Arbeitsweise erforderlich machen, so wurde dies in einer Typencharakterisierung der wichtigsten DDR-Syntane im Vergleich mit Fichtenrindengerbstoff und einem pflanzlichen Gerbstoffgemisch in laboratoriumsmäßiger Standgerbung über 8 Monate und genauer Kontrolle von Gerbbrühen und Leder vollauf bestätigt [29]. Die aromatischen Syntane zeigen bei erheblichen Unterschieden untereinander insgesamt bei der Gerbung ein abwegiges Verhalten gegenüber den ebenfalls untereinander unterschiedlichen vegetabilischen Gerbstoffen. Während die wirklich lederbildenden Anteile der Syntane in kurzer Zeit in gleichem Ausmaß von der Hautblöße aufgenommen werden wie die vegetabilischen Gerbstoffe, reichern sich die analytisch ebenfalls als Gerbstoffe erfaßten Halbgerbstoffe der Syntane in den Brühen an und können nur nach längerer Einwirkungsdauer in die Haut einverleibt werden. Daraus ergibt sich bei ruhender Gerbung zwangsläufig bei ausschließlich oder erhöhter Verwendung von Syntanen eine Verlängerung der Gerbdauer und evtl. erhöhter Gerbstoffeinsatz bzw. verringerte Durchgerbungszahl des Leders und vermindertes Rendement. Als mögliche Konsequenz ergibt sich die

[28] REICH, G. u. F. STATHER, Leder 1958, 249.

[29] STATHER, F., REICH, G., ÜBERLA, J. u. W. BARTHEL, Ges. Abh. DLI 1959, Heft 5, 16.

Notwendigkeit, Gerbbrühen mit höheren Syntananteilen rascher durch den gesamten Gerbgang zu führen und abgearbeitete Gerbbrühen evtl. bei wesentlich höheren, analytisch nur vorgetäuschten Gerbstoffgehalten zu kanalisieren.

Weiter durchgeführte halbtechnische Versuche [30] mit 60 Hautpartien über 8 Monate ergaben, daß es prinzipiell möglich ist, Unterleder einwandfreier Qualität nach sachgemäßer Vorchromierung der Blöße innerhalb 50 Tagen, also bei erheblicher Gerbzeitverkürzung, in reiner Flottengerbung, bei anteiliger Mitverwendung von 50% synthetischen Gerbstoffen und erhöhter Temperatur in Gruben herzustellen. Dabei erwies sich indessen ein Gerbstoffangebot von 30% Reingerbstoff nicht ausreichend, im Dauerbetrieb gleichbleibendes Rendement und gleichbleibende Lederqualität zu gewährleisten.

Die bei den Versuchen auftretende Frage einer Faserschädigung durch erhöhte Syntananteile bei erhöhter Temperatur wurde in getrennten Versuchen [31] mit pflanzlichen und synthetischen Gerbstoffen dahingehend geklärt, daß grundsätzlich bei Anwendung synthetischer Gerbstoffe zur Warmgerbung die Möglichkeit und Gefahr einer Minderung der Lederqualität besteht, und zwar besonders ausgeprägt bei solchen Syntanen, die hydrotrope Halbgerbstoffe enthalten, während Syntane, die frei von solchen Substanzen sind, ein den Pflanzengerbstoffen gleichartiges Verhalten aufweisen. Auf alle Fälle müssen bei höheren Syntananteilen bei der pflanzlich-synthetischen Gerbung Temperaturen über etwa 35° C vermieden und die Gefahr einer Faserschädigung durch eine sachgemäße Vorgerbung, am besten Vorchromierung der Blöße, vermindert werden.

Ein wirksames Mittel, die Gerbdauer von Unterleder abzukürzen, ist die Gerbung mit höher konzentrierten Gerbbrühen nach vorangehender Stabilisierung der Kollagenstruktur und Erhöhung der Porosität durch Verminderung des Hydratationsgrades der Blöße durch eine zweckentsprechende Vorgerbung. Die Schwierigkeit, eine leichte Vorchromierung gleichmäßig über den ganzen Hautquerschnitt zu verteilen, führte zur Anwendung von Kombinationen von Chrom- oder Aluminiumsalzen mit gewissen synthetischen Gerbstoffen, zur

[30] Stather, F., Reich, G., Überla, J. u. H. Moser, Ges. Abh. DLI 1959, Heft 14, 53.

[31] Stather, F., Reich, G. u. G. Zimmermann, Ges. Abh. DLI 1959, Heft 15, 34.

Entwicklung sogenannter Metallkomplexgerbstoffe. Nach diesbezüglich durchgeführten Untersuchungen [32, 33] gibt es eine Reihe von Möglichkeiten, zu Metallkomplexgerbstoffen zu gelangen, die für eine Vorgerbung zur Abkürzung der Gerbdauer von Unterleder geeignet sind. Voraussetzung ist ausreichende Lösungsstabilität, sofern diese bei einfachen Mischungen von Chrom- und Aluminiumsalzen mit Syntanen nicht gegeben ist, kann sie vor allem bei Chromsalzen durch Maskierung dieser mit Brenzkatechin oder besser noch Natriumsulfit erreicht werden. Als Syntankomponente erwiesen sich dabei hochaffine synthetische Austauschgerbstoffe und auch Ligninsulfosäure enthaltende Syntane weniger geeignet als synthetische Hilfsgerbstoffe vom Typ der kondensierten Naphthalinsulfosäure. Orientierende Gerbversuche bestätigten einwandfrei die Brauchbarkeit einer Metallkomplexgerbstoff-Vorgerbung für die Abkürzung der Gerbdauer von Unterleder bei Ausgerbung mit pflanzlichen und synthetischen Gerbstoffen.

Auf Grund des dargelegten derzeitigen Stands unserer Kenntnisse über die charakteristischen unterschiedlichen Eigenschaften der pflanzlichen und synthetischen Gerbstoffe und deren Verhalten bei kombinierter Verwendung in der Gerbung wurde nun für die Änderung des derzeitigen Gerbsystems der Erzeugung von Unterleder in der DDR mit dem Ziel einer merklichen Gerbzeitverkürzung zur Erhöhung der Erzeugungskapazität bei gleichzeitiger Mechanisierung des Arbeitsprozesses zur Steigerung der Arbeitsproduktivität zunächst zwei grundsätzliche Verfahrensweisen für die großtechnische Weiterentwicklung zugrunde gelegt, und zwar eine stationäre Gerbung ausschließlich in Gruben ohne mechanische Bewegung des Blößenmaterials durch Anwendung rasch in der Konzentration ansteigender Brühen in verhältnismäßig raschem Durchlauf nach Vorbehandlung mit Metallkomplexgerbstoffen und weiterhin das dynamische, ausschließlich im rotierenden Walkfaß durchgeführte Verfahren der sogenannten „Drei-Phasen-Gerbung“, einer Behandlung der Blößen mit höherkonzentrierten Gerbbrühen nach entsprechender Vorgerbung mit Chromgerbstoffen. Beide Gerbverfahren, besonders nebeneinander angewandt, würden ohne Einsatz besonderer großer Investitionen die rationelle Ausnützung der in den Gerbereien bereits

[32] STATHER, F., REICH, G. u. S. WALTHER, Ges. Abh. DLI 1959, Heft 15, 40.
[33] REICH, G., WALTHER, S. u. F. STATHER, Ges. Abh. DLI 1959, Heft 15, 50.

vorhandenen Gerbgruben und Gerbfässer ermöglichen. Die zwangsläufig länger dauernde stationäre Gerbung bei Verwendung eines Grubensystems von etwa 12 Gruben ermöglicht bei kontinuierlicher Abarbeitung der Gerblösung eine Verkürzung der Gerbdauer von durchschnittlich 100 Tagen auf etwa 35 Tage bei voller Mechanisierungsmöglichkeit des Hauttransportes von Grube zu Grube durch Krananlagen oder durch Umpumpen der Brühen. Die dynamische Gerbung ermöglicht unter Verwendung nur eines Gerbfasses bei Umpumpen der Brühen unter nahezu vollständiger Ausschaltung manueller Arbeit eine Gerbzeitverkürzung von etwa 100 Tagen auf etwa 4 Tage, ebenfalls bei kontinuierlicher Abarbeitung der Gerbbrühe mit einem Syntaneinsatz von 50%.

Die dynamische Drei-Phasen-Gerbung ist bereits großtechnisch in zwei Betrieben eingeführt und liefert seit über einem Jahr eine laufende Produktion von Unterlederkernstücken bis zu $4^1/_2$ mm Stärke in einer Qualität, die allen Ansprüchen der verarbeitenden Schuhindustrie und den international weitgehend ähnlichen Güterichtlinien für diese Lederart entspricht. Der dabei erhaltene, durch die angewandte Chromvorgerbung und den hohen Syntaneinsatz bedingte, etwas flexible Charakter des Leders kommt der internationalen Forderung nach flexiblerem Schuhzeug entgegen. Die Ausgerbung der gerberisch weniger wertvollen Hälse und Seiten nach dem gleichen Verfahren bereitet noch gewisse, mehr mechanische als gerbtechnische Schwierigkeiten, an deren Überwindung planmäßig weitergearbeitet wird, ebenso wie die Anpassung des Gesamtverfahrens an die speziellen Gegebenheiten der Betriebe in der laufenden Produktion noch weiter bearbeitet werden muß.

Auch das stationäre Schnellgerbverfahren mit Metallkomplexgerbstoff-Vorgerbung konnte zur weiteren Erprobung und weiterem Ausbau bereits in die Großproduktion übergeführt werden und liefert bis heute nach etwa $^1/_2$-jähriger Erfahrung im kontinuierlichen Betrieb in Kernstücken, Hälsen und Seiten Unterleder einwandfreier Qualität bei flexiblem Ledercharakter.

Selbstverständlich sind mit dieser aussichtsreichen Entwicklung theoretisch einwandfrei aufgebauter, stark beschleunigter Gerbverfahren die Entwicklungsarbeiten zur pflanzlich-synthetischen Unterledergerbung keineswegs abgeschlossen. Zahlreiche Variationsmöglichkeiten, aufgebaut auf den erarbeiteten Grunderkenntnissen hinsichtlich Einsatzes der verschiedenartigen pflanzlichen und synthetischen Gerbstoffe, neue technische Entwicklungen wie z. B. die Wirkung von Ultraschall bei der Gerbung, müssen fortlaufend verfolgt und im Hinblick auf die erhaltenen Lederqualitäten und die ökonomischen Verhältnisse der betreffenden Betriebe und der gesamten Volkswirtschaft ausgewertet werden. Neue Grunderkenntnisse über das Wesen des Gerbvorganges überhaupt können für diese Entwicklung u. U. entscheidend sein. So scheinen z. B. zahlreiche Feststellungen der erörterten eigenen Arbeiten wie die Experimentalergebnisse anderer Forscher den Gedanken an eine Zweiphasigkeit der Gerbwirkung bzw. der Entstehung von Leder aus Hautblöße durch Behandlung mit Lösungen gerbender Substanzen nahe zu legen. Nach einer solchen, zunächst noch theoretischen Konzeption würden bei jeder Gerbung mengenmäßig nur geringe Anteile der angewandten Gerbsubstanzen durch Eindringen in das Innere der Kollagenmizelle und Bindung an das Kollagen eine stabile Vernetzung und damit die echte chemische Gerbwirkung mit der stark erhöhten Warmwasserbeständigkeit und enzymatischen Widerstandskraft des Leders bedingen, während eine nachfolgend mengenmäßig meist größere Ablagerung unlöslicher bzw. schwerlöslicher Substanzen mit oder ohne losere Bindung an die Hautsubstanz zwischen den vernetzenden Mizellen des Kollagens, zwischen den Fibrillen und Fasern die mehr physikalische Veränderung des gesamten Hautfasergefüges verursachen würden. Durch beweisende Unterlagen für die Richtigkeit einer solchen Auffassung würden nicht nur die existierenden, einander gegenüber stehenden „chemischen" und „physikalischen" Theorien der Lederbildung, deren Unterscheidung sowieso mit den neueren Auffassungen über die Wirkung stofflicher Kräfte weitgehend hinfällig geworden ist, unter einen Hut gebracht, sondern vielmehr auch Möglichkeiten der Trennung dieser zwei Gerbphasen in der praktischen Durchführung und der grundsätzlichen Änderung speziell der zweiten physikalischen Phase durch eine Art Imprägnierung der in der ersten Phase chemisch erzeugten Leder mit kolloidchemisch angepaßten Substanzen, die keineswegs Gerbstoffe im althergebrachten Sinne zu sein bräuchten, eröffnet. Da in der Grundwirkung andersartige Gerbsubstanzen als die bisher bekannten für die nächste Zukunft kaum aufgefunden werden können, erscheint die angeführte Konzeption der Lederbildung, der ein Teil unserer weiteren Arbeit gilt, als eine der wenigen Möglichkeiten, technische Ledererzeugungsprozesse in absehbarer Zeit grundlegend zu verändern.

Möge die vorgetragene kurze Zusammenfassung unserer derzeitigen Kenntnisse über die charakteristischsten Eigenschaften pflanzlicher und synthetischer Gerbstoffe und die angedeutete Auswertung für ihre kombinierte Anwendung in der Ledererzeugung dargelegt haben, wie die verhältnismäßig junge Gerbereiwissenschaft, die ich als erster in der Sächsischen Akademie der Wissenschaften zu vertreten die Ehre habe, zu einem wichtigen Teilgebiet der angewandten Naturwissenschaft geworden und bestrebt ist, ihre Erkenntnisse zum Fortschritt der Volkswirtschaft der DDR, Gesamtdeutschlands und der ganzen Welt auszunutzen.

Fortsetzung von der 2. Umschlagseite

Band 99

Heft 1 Prof. Dr. HEINRICH BRANDT / Über das quadratische Reziprozitätsgesetz
18 Seiten — 8° — 1951 — DM 1,90 *(vergriffen)*

Heft 2 Prof. Dr. GEORG SPACKELER / Der Gebirgsdruck und seine Beherrschung durch den Bergmann 36 Seiten — 12 Abbildungen — 8° — 1951 — DM 1,65 *(vergriffen)*

Heft 3 Prof. Dr. ERNST DIEPSCHLAG / Die Anwendbarkeit der Regelungstechnik in der Hüttenindustrie 38 Seiten — 12 Abbildungen — 8° — 1952 — DM 3,90

Heft 4 Prof. Dr. ALBERT FROMME / Die Bedeutung der Entwicklungsgeschichte, besonders des Mesenchyms für die Klinik 24 Seiten — 8° — 1952 — DM 1,75 *(vergriffen)*

Heft 5 Dr. ROBERT BÖKER / Die Entstehung der Sternsphäre Arats
68 Seiten — 4 Abbildungen — 2 Falttafeln — 3 Tabellen — 8° — 1952 — DM 5,60

Band 100

Heft 1 Prof. Dr. HEINRICH BRANDT / Über Stammfaktoren bei ternären quadratischen Formen 24 Seiten — 8° — 1952 — DM 2,25

Heft 2 Dr. PAUL GÜNTHER / Zur Gültigkeit des Huygens'schen Prinzips bei partiellen Differentialgleichungen vom normalen hyperbolischen Typus
43 Seiten — 8° — 1952 — DM 5,—

Heft 3 Dr. ALFRED MÜLLER / Die Schaubarkeit in der Axonometrie
22 Seiten — 3 Falttafeln — 8° — 1952 — DM 3,— *(vergriffen)*

Heft 4 Prof. Dr.-Ing. ENNO HEIDEBROEK / Die Beziehungen zwischen Härte, Schmierung und Verschleißfestigkeit
Nachdruck — 40 Seiten — 10 Abbildungen — 8° — 1954 — DM 3,40

Heft 5 Prof. Dr. ROBERT SCHRÖDER / Frauenheilkunde in Forschung und Praxis
22 Seiten — 8° — 1952 — DM 1,35

Heft 6 Dr. ROLF REISSIG / Die pandiagonalen Quadrate vierter Ordnung
54 Seiten — 8° — 1952 — DM 5,—

Heft 7 Prof. Dr. MAX ROBITZSCH † / Die Erforschung der Atmosphäre, ihre Methodik und ihre Probleme
30 Seiten — 12 Abbildungen — 4 Kunstdrucktafeln — 8° — 1953 — DM 2,50

Band 101

Heft 1 Prof. Dr. KURT SCHWABE / Periodische Erscheinungen bei der anodischen Auflösung des Zinks 33 Seiten — 14 Abbildungen — 8° — 1954 — DM 3,—

Heft 2 Dr. UDO PRIL / Positive Lösungen einer nichtlinearen Integralgleichung
44 Seiten — 2 Abbildungen — 8° — 1953 — DM 4,—

Heft 3 Dr. JOACHIM FOCKE / Asymptotische Entwicklungen mittels der Methode der stationären Phase
2. unveränderte Auflage — 48 Seiten — 8° — 1957 — DM 4,80 *(vergriffen)*

Heft 4 Prof. Dr. HANS SALIÉ / Zur Verteilung natürlicher Zahlen auf elementfremde Klassen
26 Seiten — 8° — 1954 — DM 2,50 *(vergriffen)*

Heft 5 Prof. Dr.-Ing. ENNO HEIDEBROEK / Die Verantwortlichkeit des Ingenieurs
22 Seiten — 8° — 1954 — DM 1,— *(vergriffen)*

Heft 6 Prof. Dr. HANS SCHUBERT / Dr. ERICH SCHINCKE / Zur Ermittlung von Unterschallströmungen mit der Transformationsmethode bei quadratischer Approximation der Adiabate 32 Seiten — 6 Abbildungen — 2 Tabellen — 8° — 1955 — DM 2,30

Heft 7 Dr. HELMUT SCHAEFER / Neue Existenzsätze in der Theorie nichtlinearer Integralgleichungen 40 Seiten — 8° — 1955 — DM 2,4

Band 102

Heft 1 Dr. PAUL GÜNTHER / Über einige spezielle Probleme aus der Theorie der linearen partiellen Differentialgleichungen zweiter Ordnung
50 Seiten — 8° — 1957 — DM 4,60 *(vergriffen)*

Heft 2 Prof. Dr. HANS SCHUBERT / Dr. ERICH SCHINCKE / Zum Konturproblem der Hodographenmethode im Unterschall 25 Seiten — 8° — 1957 — DM 2,20

Heft 3 Prof. Dr. FRANZ RUNGE / Über die Polymerisation ungesättigter organischer Verbindungen 13 Seiten — 1 Tabelle — 8° — 1957 — DM 1,—

Heft 4 Dr. VICTOR VÂLCOVICI / Une extension des liaisons non holonomes et des principes variationnels 39 Seiten — 8° — 1958 — DM 2,40

Heft 5 Dr. ROLF KLÖTZLER / Beiträge zur Theorie mehrdimensionaler Variationsprobleme mit geknickten Extremalen 72 Seiten — 8° — 1958 — DM 4,30

Heft 6 Prof. Dr. PAULA HERTWIG / Strahlenschäden und Strahlenschutz im zellulären Bereich. 43 Seiten. — 14 Abbildungen — 6 Tabellen — 4 Tafeln — 8° — 1957 — DM 2,—

Heft 7 Prof. Dr. WILHELM TREIBS / Entwicklungslinien der organischen Chemie
25 Seiten — 8° — 1957 — DM 1,40

Band 103

Heft 1 Prof. Dr. GEORG SPACKELER / Über die Möglichkeit einer Lieferung von Magnesiumsulfat als Düngemittel seitens des Kalibergbaus der Deutschen Demokratischen Republik
Prof. Dr. ANTON ARLAND / Magnesium im Landbau
38 Seiten — 1 Abbildung — 2 Landkarten — 8° — 1958 — DM 1,90

Heft 2 Prof. Dr. HEINRICH BREDT / Über den Tod. Eine narturwissenschaftliche Betrachtung 26 Seiten — 8° — 1958 — DM 1,10 *(vergriffen)*

Heft 3 Dr. HANS WUSSING / Über Einbettungen endlicher Gruppen
38 Seiten — 8° — 1958 — DM 2,50

Heft 4 Prof. Dr. ERNST NEEF / Über die Veränderlichkeit unserer geographischen Umwelt
19 Seiten — 8° — 1959 — DM 1,20

Heft 5 Prof. Dr. WOLFGANG LANGENBECK / Zur Biochemie der Spurenmetalle. Mit Diskussionsbeiträgen 16 Seiten — 4 Tabellen — 8° — 1959 — DM 1,—

Heft 6 Prof. Dr. HANS SCHUBERT / Dr. ERICH SCHINCKE / Die Berechnung einer zirkulationslosen Unterschallströmung um den Kreiszylinder mit der Hodographenmethode 42 Seiten — 12 Abbildungen — 4 Tabellen — 8° — 1959 — DM 4,20

Heft 7 Prof. Dr. PAULA HERTWIG / Anpassung, Vererbung und Evolution
35 Seiten — 14 Abbildungen — 8° — 1959 — DM 3,20

Band 104

Heft 1 Prof. Dr. KARL SCHMALFUSS / Über das Ausmaß der biologischen Bindung des elementaren Stickstoffs. Der Einfluß assimilierbarer Stickstoffverbindungen
19 Seiten — 2 Abbildungen — 6 Tabellen — 8° — 1960 — DM 1,35

Heft 2 Prof. Dr. ANTON LISSNER / Charakteristische Eigenschaften der Braunkohlen
20 Seiten — 10 Abbildungen — 3 Tabellen — 8° — 1960 — DM 2,—

Heft 3 Vorliegendes Heft

Bestellungen durch eine Buchhandlung erbeten

Vor 1945 erschienene Berichte antiquarisch durch den Akademie-Verlag, Berlin, zum Teil noch lieferbar

AKADEMIE-VERLAG · BERLIN

MIX
Papier | Fördert gute Waldnutzung
FSC® C083411

Zeitfracht Medien GmbH
Ferdinand-Jühlke-Straße 7
99095 Erfurt, Deutschland
produktsicherheit@kolibri360.de